BEI GRIN MACHT SICH IHR WISSEN BEZAHLT

- Wir veröffentlichen Ihre Hausarbeit, Bachelor- und Masterarbeit

- Ihr eigenes eBook und Buch - weltweit in allen wichtigen Shops

- Verdienen Sie an jedem Verkauf

Jetzt bei www.GRIN.com hochladen und kostenlos publizieren

Bibliografische Information der Deutschen Nationalbibliothek:

Die Deutsche Bibliothek verzeichnet diese Publikation in der Deutschen Nationalbibliografie; detaillierte bibliografische Daten sind im Internet über http://dnb.d-nb.de/ abrufbar.

Dieses Werk sowie alle darin enthaltenen einzelnen Beiträge und Abbildungen sind urheberrechtlich geschützt. Jede Verwertung, die nicht ausdrücklich vom Urheberrechtsschutz zugelassen ist, bedarf der vorherigen Zustimmung des Verlages. Das gilt insbesondere für Vervielfältigungen, Bearbeitungen, Übersetzungen, Mikroverfilmungen, Auswertungen durch Datenbanken und für die Einspeicherung und Verarbeitung in elektronische Systeme. Alle Rechte, auch die des auszugsweisen Nachdrucks, der fotomechanischen Wiedergabe (einschließlich Mikrokopie) sowie der Auswertung durch Datenbanken oder ähnliche Einrichtungen, vorbehalten.

Impressum:

Copyright © 2020 GRIN Verlag
Druck und Bindung: Books on Demand GmbH, Norderstedt Germany
ISBN: 9783346203243

Dieses Buch bei GRIN:

https://www.grin.com/document/903896

Anonym

Verhaltensökonomische Ansätze in der Bewegungsförderung

Wie bringt man Menschen mit Framing, Habit Formation und Anchor Points zu mehr Bewegung?

GRIN Verlag

GRIN - Your knowledge has value

Der GRIN Verlag publiziert seit 1998 wissenschaftliche Arbeiten von Studenten, Hochschullehrern und anderen Akademikern als eBook und gedrucktes Buch. Die Verlagswebsite www.grin.com ist die ideale Plattform zur Veröffentlichung von Hausarbeiten, Abschlussarbeiten, wissenschaftlichen Aufsätzen, Dissertationen und Fachbüchern.

Besuchen Sie uns im Internet:

http://www.grin.com/

http://www.facebook.com/grincom

http://www.twitter.com/grin_com

Department für Sozioökonomie

Seminararbeit

„Verhaltensökonomische Ansätze in der Bewegungsförderung – Wie bringt man Menschen mit *Framing, Habit formation* und *Anchor points* zu mehr Bewegung?"

Inhalt

1. **Einleitung: Warum körperliche Aktivität gesund ist und sich Menschen dennoch zu wenig bewegen** ... 2
2. **Verhaltensökonomische Ansätze** ... 4
   2.1 Wie entstehen Entscheidungen? ... 4
   2.2 Wie können Entscheidungen beeinflusst werden? ... 4
   2.3. Verhaltensökonomische Ansätze ... 5
       2.3.1 Framing ... 5
       2.3.2. Anchor points ... 6
       2.3.3 Habit formation ... 7
3. **Bewegungsförderung in der Praxis: Welche Ansätze gibt es – welche verhaltensökonomischen Instrumente nutzen sie?** ... 8
4. **Fazit: Wie kann erfolgreiche Bewegungsförderung auf Basis verhaltensökonomischer Ansätze aussehen?** ... 9

Literaturverzeichnis ... 12

1. Einleitung: Warum körperliche Aktivität gesund ist und sich Menschen dennoch zu wenig bewegen

Dass ausreichend körperliche Ertüchtigung nicht nur für das persönliche Wohlbefinden bedeutend, sondern auch ein wesentlicher Faktor für das gesundheitliche Wohlergehen ist, ist weitgehend unbestritten: Wie später noch detaillierter ausgeführt wird, bewegen sich Millionen Menschen trotzdem nicht genug – und leiden nicht selten unter daraus resultierenden Krankheiten wie Übergewicht oder Krebs. Diese Arbeit versucht, die Ursachen des weltweiten Bewegungsmangels darzustellen, die verhaltensökonomischen Ansätze von Framing, Habit formation und Anchor points zu skizzieren und anhand konkreter Beispiele aus der Praxis darzulegen, wie diese Ansätze in Policies zur Bewegungsförderung Anwendung finden.

Glaubt man der Weltgesundheitsorganisation (WHO), so ist mangelnde Bewegung die vierthäufigste Todesursache und damit ein vermeidbares Risiko für Millionen Menschen, früher zu sterben. Körperlich aktive Menschen haben ein um bis zu 50% geringeres Risiko, an Herzkreislaufleiden zu erkranken, bei Diabetes (Typ 2) und Brust- und Dickdarmkrebs kann regelmäßige Bewegung das Erkrankungsrisiko um 30% bzw. 40% senken, sowie den Bewegungsapparat in Stand halten und soziale Interaktion fördern.[1] Guidelines wie die Empfehlungen der Weltgesundheitsorganisation (WHO), die den Global Recommendations on Physical Acitivity on Health[2] zu entnehmen sind, sind jedoch auf nationaler Ebene eher die Ausnahme, vor allem in weniger entwickelten Staaten wird häufig auf die Richtlinien der WHO zurückgegriffen. Die Empfehlungen sind für verschiedene Altersgruppen aufgestellt und beziehen sich auf unterschiedliche Arten der Bewegung: So wird etwa für die Altersgruppe der 5- bis 17-Jährigen Bewegung in Form von Spielen, Sport, Fortbewegung (Fahrrad, Tretroller, etc) oder sonstiger Freizeitgestaltung, sowie regelmäßige mäßig anstrengende Bewegung empfohlen. Dass weder in den USA, noch in europäischen Staaten wie Österreich eine übergroße Mehrheit der Bevölkerung solchen Empfehlungen folgt, zeigen diverse Statistiken: Für 2014 zeigt etwa die Österreichischen Gesundheitsbefragung[3] der

---

[1] Vgl. Mayerhofer, Manuel (2016): Nudging Physical Acitivity: Ein Stups zu mehr Bewegung? Wien, Masterarbeit WU Wien, S. 3

[2] Vgl. World Health Organization (2010): Global Recommendations on Physical Acitvity on Health, Genf, online unter: https://bit.ly/2EFvtlZ, aufgerufen am 21.12.2019

[3] Vgl. Bundesministerium für Gesundheit; Statistik Austria: Österreichische Gesundheitsbefragung 2014. Hauptergebnisse des Austrian Health Interview Survey (ATHIS) und methodische Dokumentation, S. 37, online unter: https://bit.ly/2ShRn6A, aufgerufen am 21.12.2019

Statistik Austria, dass nur 52% der volljährigen Männer (18 bis 64 Jahre) und 49% der Frauen den WHO-Empfehlungen (mind. 150 Minuten sportliche Aktivität in der Freizeit und zweimaliges wöchentliches Training zum Muskelaufbau) gerecht werden.

Trotz der eindeutigen Evidenz, die die Vorteile regelmäßiger Bewegung belegt, bewegt sich also ein Großteil der Menschen nicht genug. Im Folgenden wird ein Erklärungsansatz nach Mayerhofer skizziert, der aus den drei Faktoren[4] des Makro- und Mikroumfelds, sowie einer individuellen Ebene besteht: Im Makroumfeld, der am schwersten zu beeinflussenden Ebene, finden sich Aspekte, die sich auf die mittelbare Umwelt von Menschen beziehen, wie Einflüsse aus der „Natur" des (geographischen) Umfelds, sowie kulturelle Einflüsse: Wer in strukturschwachen Gegenden lebt, hat weniger Unterstützung, sich mehr zu bewegen, auch bewegungsfördernde Freizeitanlagen sind für finanziell schwache Personen schwerer erreichbar als für höhere sozioökonomische Schichten.[5] Auch das Mikroumfeld besteht aus der Umwelteinflüssen, die Menschen in ihrem täglichen Leben betreffen: So ist auch der Wohnort von Menschen ein Faktor, der das Ausmaß körperlicher Aktivität beeinflussen kann, auch hinsichtlich der Tatsache, dass ein Großteil der Menschheit in „verbauten" Städten wohnt, in denen Mobilität meist motorisiert stattfindet und manuelle Tätigkeiten (z.B. Treppensteigen) durch technische Hilfsmittel (Aufzüge) verdrängt werden. Neben dem Umfeld, dass zudem in eine künstliche (Vegetation) und eine erbaute (Parks, Gebäude, Infrastruktur, etc.), sowie eine soziale Umwelt (Einfluss des Verhaltens Anderer) differenziert wird, wird auch auf interpersonelle Beziehungen eingegangen, die zwischenmenschlichen Beziehungen, die sich auf das individuelle Bewegungsverhalten auswirken. Auch auf die Einflüsse auf einer Individuellen Ebene muss eingegangen werden: Solche individuellen Faktoren sind vielfältig und können sowohl als Barriere als auch als Motivator wirken - Wer sich etwa nach einem langen Arbeitstag sehr müde fühlt, wird keinen Sport mehr betreiben, unabhängig vom kulturellen Hintergrund (Makroebene) oder der Erreichbarkeit von Freizeitanlagen (Mikroebene).

---

[4] Vgl. Mayerhofer, Manuel (2016): Nudging Physical Activity: Ein Stups zu mehr Bewegung? Wien, Masterarbeit WU Wien, S. 5-7

[5] Vgl. Douglas, Margaret J.; Watkins, Stephen J., et al. (2011): Are Cars the New Tobacco?, in: Journal Public Health Vol. 33(2), S. 160-169, online unter: https://doi.org/10.1093/pubmed/fdr032, aufgerufen am 22.12.2019

2. Verhaltensökonomische Ansätze
2.1 Wie entstehen Entscheidungen?

Dass Menschen sich in vielen Situation für ungesundes und schädliches Verhalten entscheiden, liegt daran, dass sie oft irrationale Entscheidungen treffen - vollkommen rationale Entscheidungen können nur getroffen werden, wenn alle dafür notwendigen Informationen vorliegen und diese ohne eine Überbewertung persönlicher Gefühle und Einstellungen verarbeitet werden.[6] Um diese Prozesse zu erklären, kann das Prinzip der Zwei Systeme[7] nach Kahnemann herangezogen werden: Dieser Ansatz geht davon aus, dass Denkprozesse grundsätzlich in zwei „Systemen" stattfinden: System 1 arbeitet weitgehend mühelos und automatisch: Es ist der bewussten Kontrolle nicht zugänglich und funktioniert assoziativ. System 2 ist im Gegensatz zu seinem Gegenstück nicht jederzeit „aktiv", sondern führt bewusst gesteuerte und logische Denkschritte aus, rationaler und anstrengender als die Arbeit von System 1. Beide Systeme, das emotional-intuitive und das reflektierende, sind aufeinander angewiesen und wirken zusammen bei jeder Entscheidungsfindung mit – lässt sich das nicht bewusst steuerbare System 1 aufgrund seiner intuitiven Funktionsweise jedoch täuschen, kommt es zu einer „Verzerrung" – und damit nicht selten zu Fehlentscheidungen.[8]

2.2 Wie können Entscheidungen beeinflusst werden?

Verzerrungen und Heuristiken, also unbewusste Regelwerke, nach denen Entscheidungen mit beschränkten Informationen innerhalb kürzester Zeit getroffen werden, machen menschliche Entscheidungen also nicht nur fehlerhaft, sondern auch bewusst beeinflussbar. Ein verhaltensökonomischer Ansatz[9], der sich auf das „sanfte" Beeinflussen von Entscheidungsfindungen – persönliche Fehlentscheidungen können auch Konsequenzen für die gesamte Gesellschaft haben - stützt, ist das Nudgings (von engl. „to nudge" = „anstupsen"

---

[6] Vgl. Thaler, Richard H.; Sunstein, Cass R. (2011): Nudge. Wie man kluge Entscheidungen anstößt, Berlin, Ullstein Buchverlage

[7] Vgl. Kahnemann, Daniel (2012, 2. Aufl.): Schnelles Denken, langsames Denken, München, Siedler Verlag, S. 33

[8] Vgl. Kahnemann, Daniel (2012, 2. Aufl.): Schnelles Denken, langsames Denken, München, Siedler Verlag, S. 42

[9] Vgl. Mayerhofer, Manuel (2016): Nudging Physical Activity: Ein Stups zu mehr Bewegung? Wien, Masterarbeit WU Wien, S. 16-19

oder „anstoßen"). Nudging kommt ohne formal-juristische Instrumente wie Gesetze oder (weniger formalen) Informations-Kampagnen aus und zielt stattdessen auf die psychologische Beschaffenheit des Menschen ab, um Verhaltensänderungen zu erzielen: Dort wo irrationale Entscheidungen getroffen werden, kann der „Anstupser", i.d.R. der Staat, eingreifen und auf eine „sanfte" Weise eine Verhaltensänderung bewirken. Die Wahl- und Entscheidungsfreiheit bleibt dabei grundsätzlich bestehen – auch wenn hinterfragt werden kann, ob dem wirklich so ist, und ob der „Anstupser", der Anwender des Nudges wirklich weiß, was „das Beste" für die Personen ist, bei denen der „Nudge" angewendet wird. Die großen Vorteile des Nudgings: Es ist meist effektiver und kostengünstiger[10] anzuwenden als andere Konzepte und kommt ohne große Bürokratie und Zwangsmaßnahmen[11] aus.

2.3. Verhaltensökonomische Ansätze
2.3.1 Framing

Das Framing ist unter den hier behandelten verhaltensökonomischen Ansätzen derjenige, zu dem bereits am meisten Forschung betrieben wurde. Obwohl zum Framing kein kohärentes Theoriegebäude existiert, kann man zusammenfassend sagen, dass es beim Framing (zu Deutsch „Einrahmen") um das selektive Hervorheben von Informationen geht.[12] Nach Entmann[13] besteht ein Frame aus vier Komponenten: Der Problemdefinition (Welche Akteure sind relevant und welche Informationen sollen vermittelt werden?), der Ursachenzuschreibung (Wer ist für den Zustand verantwortlich?), einem Lösungsvorschlag, verbunden mit einer Handlungsaufforderung (Wer soll auf welche Weise handeln?) und einer expliziten Bewertung des Phänomens (Wie schlecht ist das Problem?). Frames werden grundsätzlich in Äquivalenz- (Gewinn- und Verlustframes) und Betonungsframes (emphasis frames)[14] differenziert: Bei Ersterem geht es um die Einrahmung einer Botschaft mit einer

---

[10] Vgl. Marteu, Theresa M.; Ogilvie, David, et al. (2011): Judging Nudging. Can Nudging Improve Poupulation Health?, in: BMJ (clinical research ed., Vol. 342(d228)

[11] Vgl. Vgl. Thaler, Richard H.; Sunstein, Cass R. (2011): Nudge. Wie man kluge Entscheidungen anstößt, Berlin, Ullstein Buchverlage, S. 26-27

[12] Vgl. Matthes, Jörg (2014): Framing, in: Rössler, Patrick; Brosius, Hans-Bernd: Konzepte. Ansätze der Medien- und Kommunikationswissenschaft, Baden-Baden, Nomos, S.9

[13] Vgl. Entmann, Robert (1993): Framing: toward clarification of a fractured paradigm, in: Journal of Communication, Vol. 47(4), S. 51-58

[14] Vgl. Matthes, Jörg; von Sikorski, Christian: Framing-Effekte im Gesundheitsbereich, in: Rossmann, Costanze; Hastall, Matthias R. (2019): Handbuch der Gesundheitskommunikation, Wiesbaden, Springer VS, S.2-3

Gewinn- oder Verlustmöglichkeit: So kann man einen Joghurt mit „10 Prozent Fett" bewerben (Verlustframe), aber auch mit „90 Prozent Fettfrei" (Gewinnframe) – obwohl inhaltlich identisch, wird das mit dem Gewinnframe beworbene Produkt mit der positiv formulierten Aussage von den Kunden bevorzugt. Beim Betonungsframe werden bestimmte Aspekte besonders hervorgehoben, während andere kaum bis nicht betont werden – diese Framing-Form ist vor allem als „journalistisches Framing" bekannt. In der Gesundheitskommunikation, zu der auch das Framing im Bereich der Bewegungsförderung gehört, wird bevorzugt von Gewinn- und Verlustframes Gebrauch gemacht. Ob Botschaften erfolgreicher sind, wenn sie als Verlust- oder Gewinnbotschaft konstruiert werden, ist trotz diverser Forschungsergebnisse umstritten. Tversky und Kahnemann[15] unterscheiden zwischen einem risikoreichen feststellendem (z.B. Vorsorgeuntersuchungen) und einem eher risikoarmen präventivem (Sport, gesunde Ernährung, etc.) Verhalten. Trotz unübersichtlicher Studienlage scheint sich der Gewinnframe gegenüber dem Verlustframe in der Gesundheitskommunikation durchzusetzen, vor allem um präventives Verhalten vonseiten der Rezipienten zu erreichen.

2.3.2. Anchor points

Verzerrungen ereignen sich auch, wenn Menschen einen bestimmten Inhalt für ein Ereignis oder eine Einschätzung erwogen haben, bevor sie geschätzt haben: Anchor points (Ankerpunkte) sind im Vorhinein „angebotene" Inhalte, an denen sich Menschen orientieren – Auf die Frage „War Mahatma Ghandi älter oder jünger als 144 Jahre als er starb?", werden sich zwar die wenigsten Menschen für erstere Option entscheiden (älter als 144), bei der anschließenden Frage „Wie alt war Mahatma Ghandi, als er starb?", werden sich die Befragten jedoch unbewusst am „Anker", der angebotenen Zahl von 144 Jahren, orientieren und Ghandis Alter bei seinem Tod deutlich überschätzen.[16] Die (unbewusste) Suggestion der Anchor points kann als Priming-Effekt verstanden werden: Es werden automatisch Informationen abgerufen, die zu den angebotenen Informationen passen: Daniel Kahnemann spricht hier von einer „Assoziationsmaschine"[17], die einen selektiv passenden Eindruck

---

[15] Vgl. Tversky, Amos; Kahneman, Daniel (1981). The framing of decisions and the psychology of choice. in: Science, Vol. 211(4481), S. 453–458.

[16] Vgl. Kahnemann, Daniel (2012, 2. Aufl.): Schnelles Denken, langsames Denken, München, Siedler Verlag, S. 155

[17] Vgl. S.o., S. 156

erzeugt – Im Beispiel der Ghandi-Frage wird durch den Ankerpunkt der „144 Jahre" die Vorstellung von einem sehr alten Mann hervorgerufen. Im anderen Fall stößt der Ankerpunkt einen bewussten Denkprozess, der ein logisch begründbares Ergebnis anstrebt, an (Anpassungsheuristik). Das Prinzip der Ankerpunkte ist effektiv: Willkürlich gesetzte Anker haben laut Kahnemann nicht weniger Einfluss als „echte Informationen".

2.3.3 Habit formation

Auch für das Prinzip der Habit formation (übersetzt etwa „Gewohnheitsbildung") kann kein einheitliches und komplettes theoretisches Konzept dargelegt werden, es handelt sich um ein Konstrukt aus komplexen (neuropsychologischen) Prozessen, dass vor allem Forschungsgegenstand der Psychologie ist. Trotz der sich unterscheidenden Definitionen findet sich bei den Näherungsversuchen stets eine Gemeinsamkeit: Im Fokus stehen die Vorgänge rund um das Lernen und die Bestätigung des erlernten Verhaltens – Verhaltensweisen werden vor allem in der Kindheit erlernt, können aber auch im Erwachsenenalter angeeignet werden und durch Bestätigung des Verhaltens bzw. Sanktionierung von abweichendem Verhalten gefestigt werden. Auch die eigene Vergangenheit, in der Verhaltensweisen gebildet wurden, kann als Anchor point fungieren.[18] Ein häufig genanntes Beispiel zu einer solchen Habit formation ist das von Kindern erwartete Verhalten in der Schule: Sind Vierjährige noch recht bewegungsfreudig, müssen sie bereits nach der Einschulung lernen, stundenlang stillzusitzen – tun sie dies nicht, haben sie Sanktionen zu erwarten, während das Stillsitzen und die mangelnde Bewegung durch fehlende Sanktionen bzw. Belobigungen bestärkt wird.

---

[18] Vgl. Zimmermann, Frederik (2009): Using behavioral economics to promote physical activity, in: Prev Med., Vol. 49 (4), Los Angeles, Department of Health Services, UCLA School of Public Health

3. Bewegungsförderung in der Praxis: Welche Ansätze gibt es – welche verhaltensökonomischen Instrumente nutzen sie?

Erfolgreich waren Kampagnen für mehr Bewegung nur mit (massen)medialer Begleitung[19]: Eine starke Präsenz in TV, Radio und Zeitungen[20] brachte so das Projekt Wheeling Walks zu großer Bekanntheit: Die 50- bis 65-jährigen Bewohner der Stadt Wheeling in West Virginia brachte das Programm dazu, regelmäßig laufen zu gehen – auch weil es gelungen war, den Bürgern der Kleinstadt Bewegung als Spaß und nicht als Qual zu verkaufen. Setzt man sich mit der Kommunikation von öffentlichen Stellen im Gesundheitssektor auseinander, erkennt man schnell ein Framing: So sieht man auch auf der Webseite der US-amerikanischen Seuchenschutz- und Gesundheitsbehörde Centers of Disease Control (CDC) für „Physical Activity"[21], dass körperliche Aktivität in Form eines Gewinnframes präsentiert wird: Aussagen wie „Regular physical activity helps improve your overall health and fitness, and reduces your risk for many chronic diseases" verweisen auf die gesundheitlichen Vorteile regelmäßiger körperlicher Betätigung, Fragen wie „How much physical activity do you need" zeugen jedoch auch von einem obligation frame[22], der körperliche Aktivität als „Verpflichtung" vermittelt.

Eben jene Behörde, die amerikanische CDC, publiziert regelmäßig Richtlinien, um gesundes Leben und körperliche Aktivität in den Vereinigten Staaten zu fördern – eine dieser Publikationen ist der CDC Guide to Strategies to increase Physical Activities in the Community[23], in der zehn Strategien für Verantwortliche wie Lehrer oder lokale Repräsentanten skizziert werden: Auch das im vorherigen Kapitel angeschnittene verhaltensökonomische Instrument der Habit formation und dem Beispiel der sitzenden Schulkinder wird in den Empfehlungen der CDC berücksichtigt: Eine Strategie[24] empfiehlt,

---

[19] Vgl. Heath, Gregory W.; Parra, Diana C. et al. (2012): Evidence-based intervention in physical activity: lessons from around the world, in: The Lancet, Vol. 380(9838), S. 272-281

[20] Vgl. Wheeling Walks: Campaign Results: http://www.wheelingwalks.org/results.asp, aufgerufen am 23.12.2019

[21] Centers for Disease Control and Prevention (CDC): Physical Activity, online unter: https://www.cdc.gov/physicalactivity/index.html, aufgerufen am 23.12.2019

[22] Vgl. Zimmermann, Frederik (2009): Using behavioral economics to promote physical activity, in: Prev Med., Vol. 49 (4), Los Angeles, Department of Health Services, UCLA School of Public Health

[23] Vgl. Center of Disease Control and Prevention (CDC): Strategies to Prevent Obesity and Other Chronic Diseases. The CDC Guide to Strategies to increase Physical Actyity in the Community

[24] Vgl. S.o., S. 17-20

Schulkindern Bewegung nahezubringen, die ihnen selbst Freude bereitet, innerhalb wie außerhalb des regulären Sportunterrichts, z.B. durch die Einrichtung eines „School Health Council" (SHC). Deutlich weiter als dieser Ansatz geht das Prinzip der „moving schools": Cardon, LeClercq et al.[25] untersuchten die Auswirkungen von schulbedingtem langen Sitzen auf die Gesundheit von Kindern: Während der fast zweijährigen Beobachtung von 22 Schülern einer sogenannten „moving school", einem alternativen Schulkonzept mit Schwerpunkt auf Bewegung, wurden gegenüber der Vergleichsgruppe, 25 Kindern aus der Klasse einer „traditionellen" Schule, bei den moving school"-Schülern 20% weniger Wirbelsäulenverkrümmungen festgestellt – auch weil sich die Kinder während des Unterrichts bewegen dürfen und die moving schools auf ergonomische Möbel wie schräge Tische setzt, wird ein Zusammenhang mit weniger Kopfschmerzen angenommen. Die Studie kommt zu dem Schluss, dass die Schüler der untersuchten moving school grundsätzlich aktiver sind und sich auch außerhalb der Schulzeiten mehr bewegen; die Autoren resümieren, dass Kindern im Unterricht erlaubt sein, aufzustehen oder sich auf den Boden zu legen – Lernen und Schreiben müssen nicht zwangsläufig im Sitzen geschehen, auch wenn ergonomisch angemessene Möbel in Schulen trotzdem grundsätzlich sinnvoll sind.

4. Fazit: Wie kann erfolgreiche Bewegungsförderung auf Basis verhaltensökonomischer Ansätze aussehen?

Wird das Prinzip des Framings angewendet, um eine Verhaltensänderung zu erzielen, muss auf den Aspekt der Verlustaversion Rücksicht genommen werden: Ein Frame, der eine sichere Option kommuniziert („Mit Plan A können 200 Personen gerettet werden"[26]), wird von der Mehrheit zwar grundsätzlich angenommen, wird eine Aussage negiert („Mit Plan D besteht eine Wahrscheinlichkeit von 1/3, dass kein Mensch sterben wird, aber eine Wahrscheinlichkeit von 2/3, dass 600 Menschen sterben werden"[27]), dann kann davon ausgegangen werden, dass die Mehrheit sich für die riskantere Option entscheidet. Bei einem Gewinnframe ist das Risikoverhalten also eher gering, da Menschen nicht darauf aus

---

[25] Vgl. Cardon, Greet; De Clercq, Dirk et al. (2004): Sitting habits in elementary schoolchildren: a traditional versus a „moving school", in: Patient Educ. Couns., Vol. 54(2), S. 133-142

[26] Oswald, Michael (2019): Strategisches Framing. Eine Einführung. Wiesbaden, Springer VS, S. 31

[27] S.o., S. 32

sind, den durch die positive Formulierung suggerierten Vorteil zu erreichen, während bei einem Verlustframe risikoreicheres Verhalten zu erwarten ist[28], auch wenn, wie vorher bereits diskutiert, nach einigen Studien, in der Gesundheitskommunikation eher die Effektivität von Gewinnframes zu überwiegen scheinen. Um auf die Frame-Elemente nach Entmann zurückzukommen, kann ein bewegungsfördernder Frame wie folgt konstruiert werden:[29] Die Problemdefinition zu „mangelnder Bewegung" kann drohendes „Übergewicht" sein, wobei den Übergewichtigen eine persönliche Schuld zugewiesen werden, oder auf externe Einflüsse verwiesen werden kann. Die Ursachenzuschreibung kann von Frames ausgehen, die sich auf den Lebensstil, externe Faktoren oder auch medizinische Standpunkte[30] beziehen, wird ein solcher Lebensstil-Frame angewendet, wird die Verantwortung für das Problem vor allem bei den Betroffenen (hier: den Übergewichtigen) selbst gesucht. Ein public health frame (Bewertung) der sich auf die „öffentliche Gesundheit" bezieht, kann, eher als bei einer individualisierten Darstellung des Problems, Leute dazu bewegen, ihr Verhalten zu überdenken.[31] Die Lösungszuschreibung kann sich also an Individuen richten, denen die Verantwortung für ihr Übergewicht zugerechnet wird, im Rahmen der Bewegungsförderung ist aber eher der public health frame zielführend.

Ein Vorteil des Konzepts der Habit formation besteht darin, dass es nicht nur einzelne Risikogruppen anwendbar ist, sondern die ganze Bevölkerung betrifft[32], vor allem, wenn Verhaltensweisen, die hier nicht verändert, sondern erst erlernt werden sollen, bereits im Kindesalter gebildet werden – Bewegung und körperliche Aktivität können hier als Ganzes erlernt werden, ohne dass an einem bestimmten Punkt mit anderen verhaltensökonomischen Instrumenten angesetzt werden muss. Habit formation, das wie im Beispiel der „moving school" bereits im frühen Kindesalter geschieht, ist des effektiver, weil es nicht Verhalten „korrigiert", sondern langfristige Verhaltensweisen bildet und bestärkt und das Risiko einer

---

[28] Vgl. S.o, S. 31-33

[29] Vgl. Matthes, Jörg; von Sikorski, Christian: Framing-Effekte im Gesundheitsbereich, in: Rossmann, Costanze; Hastall, Matthias R. (2019): Handbuch der Gesundheitskommunikation, Wiesbaden, Springer VS, S.7-9

[30] Vgl. Riles, Julius Matthew; Tewksbury, David et al. (2015): Framing cancer for online news: Implications for popular perceptions of cancer. In: Journal of Communication, Vol. 65(6), S. 1018–1040

[31] Vgl. Coleman, Renita; Thorson, Esther, et al. (2011). Testing the effect of framing and sourcing in health news stories, in: Journal of Health Communication, Vol. 16(9), S. 941–954

[32] Vgl. Zimmermann, Frederik (2009): Using behavioral economics to promote physical activity, in: Prev Med., Vol. 49 (4), Los Angeles, Department of Health Services, UCLA School of Public Health

Schädigung durch zu wenig Bewegung erst gar nicht entsteht, wie Zimmermann betont: „Behavioral economics would predict that the use of standing desks and motion-based learning may set an anchor with lifelong benefits for physical activity."[33]

Anchor points dagegen sind zuvorderst in der Gesundheitskommunikation zu finden, hier können Suggestionen produziert werden, die auch im privatwirtschaftlichen Kontext als Werbetaktik angewandt werden können – System 1 kann dazu gebracht werden, systematische Fehler zu erzeugen, welche als Motivatoren für mehr Bewegung und körperliche Aktivität dienen. Die Anchor points sind eine effiziente, weil kostengünstige und kaum merkbare Instrumente: Eine erzählte Geschichte kann das assoziative Gedächtnis beeinflussen, sei sie nun echt oder frei erfunden.[34]

Erfolgreiche Bewegungsförderung kann wegen der vielfältigen Ansätze der Verhaltensökonomik deshalb auf unterschiedlichste Weise geschehen, sollte aber immer aus mehreren Komponenten bestehen – von den hier genannten Instrumenten, Framing, Habit formation und den Anchor points sollte in der Bewegungsförderung auf keines verzichtet werden: Unabhängig vom Framer, ob Staat oder private Unternehmen, muss eine Kommunikation stattfinden, die die breite Masse der Bevölkerung erreicht und gezielt die Vorteile ausreichender Bewegung, bzw, die Konsequenzen mangelnder Bewegung vermittelt – wenngleich der Aspekt des erlernten Verhaltens (Habit formation) ebenfalls nicht außer Acht gelassen werden darf.

---

[33] S.o.

[34] Vgl. Kahnemann, Daniel (2012, 2. Aufl.): Schnelles Denken, langsames Denken, München, Siedler Verlag, S. 56

Literaturverzeichnis

Bundesministerium für Gesundheit/Statistik Austria: Österreichische Gesundheitsbefragung 2014. Hauptergebnisse des Austrian Health Interview Survey (ATHIS) und methodische Dokumentation, online: https://bit.ly/2ShRn6A, aufgerufen am 16.12.2019

Cardon, Greet; DeClercq, Dirk (2004) et al.: Sitting habits in elementary schoolchildren: a traditional versus a „moving school", in: Patient Educ. Couns., Vol. 54(2), S. 133-142

Centers for Disease Control and Prevention (CDC): Physical Activity, online: https://www.cdc.gov/physicalactivity/index.html, aufgerufen am 23.12.2019

Center of Disease Control and Prevention (CDC): Strategies to Prevent Obesity and Other Chronic Diseases. The CDC Guide to Strategies to increase Physical Actyity in the Community

Coleman, Renita; Thorson, Esther, et al. (2011). Testing the effect of framing and sourcing in health news stories, in: Journal of Health Communication, Vol. 16(9), S. 941–954

Douglas, Margaret J.; Watkins, Stephen J. et al. (2011): Are Cars the New Tobacco?, in: Journal Public Health Vol. 33(2), S. 160-169, online: https://doi.org/10.1093/pubmed/fdr032, aufgerufen am 22.12.2019

Entmann, Robert (1993): Framing: toward clarification of a fractured paradigm, in: Journal of Communication, Vol. 47(4)

Heath, Gregory W.; Parra, Diana C. et al. (2012): Evidence-based intervention in physical activity: lessons from around the world, in: The Lancet, Vol. 380(9838), S. 272-281

Kahnemann, Daniel (2012, 2. Aufl.): Schnelles Denken, langsames Denken, München, Siedler Verlag

Marteu, Theresa M.; Ogilvie, David, et al. (2011): Judging Nudging. Can Nudging Improve Poupulation Health?, in: BMJ (clinical research ed., Vol. 342(d228)

Mayerhofer, Manuel (2016): Nudging Physical Acitivity: Ein Stups zu mehr Bewegung? Wien, Masterarbeit WU Wien

Matthes, Jörg (2014): Framing, in: Rössler, Patrick; Brosius, Hans-Bernd: Konzepte. Ansätze der Medien- und Kommunikationswissenschaft, Baden-Baden, Nomos

Matthes, Jörg; von Sikorski, Christian: Framing-Effekte im Gesundheitsbereich, in: Rossmann, Costanze; Hastall, Matthias R. (2019): Handbuch der Gesundheitskommunikation, Wiesbaden, Springer VS

Oswald, Michael (2019): Strategisches Framing. Eine Einführung. Wiesbaden, Springer VS

World Health Organization (2014): 10 Facts on Physical Acitvity. Retrieved May 2016, online: www.who.int/features/factfiles/physical_activity/en/, aufgerufen am 22.11.2019

Riles, Julius; Tewksbury, David et al. (2015): Framing cancer for online news: Implications for popular perceptions of cancer., in: Journal of Communication, Vol. 65(6), S. 1018–1040.

Thaler, Richard H.; Sunstein, Cass R. (2011): Nudge. Wie man kluge Entscheidungen anstößt, Berlin, Ullstein Buchverlage

Tversky, Amos., & Kahneman, Daniel (1981). The framing of decisions and the psychology of choice.
in: Science, 211(4481)

Wheeling Walks: Campaign Results: http://www.wheelingwalks.org/results.asp, aufgerufen am 23.12.2019

World Health Organization (2010): Global Recommendations on Physical Acitvity on Health, Genf, online: https://bit.ly/2EFvtlZ, aufgerufen am 20.12.2019

Zimmermann, Frederik (2009): Using behavioral economics to promote physical activity, in: Prev Med., 49 (4), Los Angeles, Department of Health Services, UCLA School of Public Health

BEI GRIN MACHT SICH IHR WISSEN BEZAHLT

- Wir veröffentlichen Ihre Hausarbeit, Bachelor- und Masterarbeit

- Ihr eigenes eBook und Buch - weltweit in allen wichtigen Shops

- Verdienen Sie an jedem Verkauf

Jetzt bei www.GRIN.com hochladen und kostenlos publizieren